U0934059

简约风格

全解家居设计与软装搭配

李江军 主编

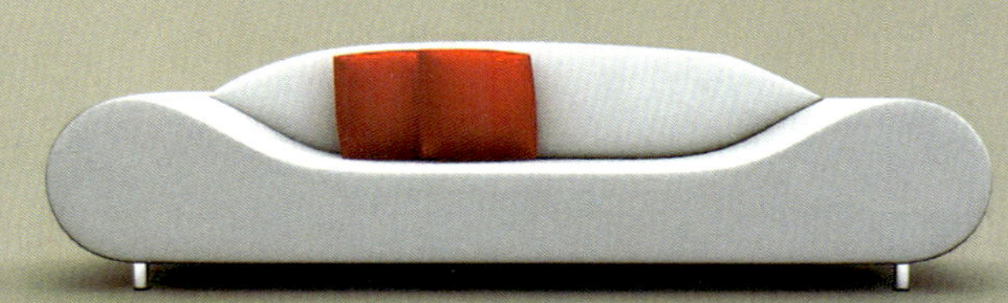

机械工业出版社
CHINA MACHINE PRESS

本书通过大量实例对时下热门的简约装饰风格进行了图文并茂的详细解析，并结合软装设计，讲解了相关的色彩搭配、软装元素的知识。书中的装修贴士为资深室内设计师多年工作经验积累下来的珍贵心得，分为设计运用、软装运用、色彩运用、材料运用四类内容。设计运用详解简约风格的装饰要点，软装运用从家具、灯具、布艺、饰品、花艺、装饰画等方面详解简约风格中常用的软装设计元素，色彩运用分析色彩在简约风格中的搭配手法，材料运用分析利用不同材料的肌理效果和质感，创造富有个性的空间环境。本书适合室内设计师及广大装修业主参考使用。

图书在版编目（CIP）数据

全解家居设计与软装搭配．简约风格轻图典／李江军主编．—北京：机械工业出版社，2017.2（2017.10重印）
（一看就懂的家装智慧）
ISBN 978-7-111-56123-1

Ⅰ．①全… Ⅱ．①李… Ⅲ．①住宅－室内装饰设计－图集 Ⅳ．①TU241-64

中国版本图书馆CIP数据核字(2017)第032686号

机械工业出版社（北京市百万庄大街22号　邮政编码100037）
策划编辑：赵　荣　　责任编辑：赵　荣　邓川
封面设计：鞠　杨　　责任校对：白秀君
责任印制：李　飞
北京联兴盛业印刷股份有限公司印刷

2018年4月第1版第3次印刷
210mm×285mm　·10印张·171千字
标准书号：ISBN 978-7-111-56123-1
定价：59.00元

凡购本书、如有缺页、倒页、脱页、由本社发行部调换
电话服务
服务咨询热线：010-88361066
读者购书热线：010-68326294
010-88379203

网络服务
机工官网：www.cmpbook.com
机工官博：weibo.com/cmp1952
金书网：www.golden-book.com
教育服务网：www.cmpedu.com

封面无防伪标均为盗版

人们的生活习惯以及审美观点各不相同，装修也会跟随业主的偏好不同而有所差异。在设计越来越被重视的今天，越来越多的风格涌现出来，每一种风格都有各自的特点和适合的人群。对于第一次购房的业主来说，要选择一种合适的装修风格并不是一件容易的事情。

本套丛书精选人气室内设计师的海量家居设计案例，把这些能代表当今设计界较高水平的作品按时下流行的风格分门别类，方便读者检索查找。本套丛书分为美式风格轻图典、简约风格轻图典、新古典风格轻图典、新中式风格轻图典四册。内容上囊括了客厅、卧室、书房、餐厅、厨卫、过道、休闲区等家居功能区案例，并且邀请资深室内设计师详解这些风格的设计要点。书中多处穿插色彩搭配与软装元素的布置技巧，是一套真正意义上图文并茂的装修宝典。

美式风格非常重视生活的自然舒适性，充分显现乡村的朴实风格，表现在对各种仿古墙地砖、石材的偏爱和对各种仿旧工艺的追求上。

简约风格是将设计的元素、色彩、照明、材料简化到最少的程度，在结构和造型的应用上也都以简单实用为主，是目前最受欢迎的经典家居风格。

新古典风格讲究适度的奢华感，过于烦琐或者单调的装饰都难以达到想表现的效果，其关键点是细节上的精雕细琢，让奢华感从细枝末节中自然流露，完美诠释轻奢风尚。

新中式风格是通过对中国传统文化的理解和提炼，将传统元素与现代元素相结合，以现代人的审美需求来打造富有传统韵味的空间，让传统艺术在居家生活中得以体现。

本套丛书内容新颖，案例丰富，既注重不同风格家居的硬装设计细节，又能指导读者如何利用软装创造出符合美学的空间环境。本套丛书不仅是每位室内设计师的案头书，对装修业主选择适合自己的装修风格同样具有重要的参考和借鉴价值。

Contents 目录

Concise Style

简约风格

家居装饰设计要点

STEP 1

风格特点

nostalgia  fresh  natural

简约风格强调少即是多，舍弃不必要的装饰元素，将设计的元素、色彩、照明、原材料简化到最少的程度，追求时尚和现代的简洁造型、愉悦色彩。简约就是简单而有品位。这种品位体现在设计细节的把握，每一个细小的局部和装饰，都要深思熟虑。

简约的装修风格为大多数人所采用，主要的原因在于简约风格在结构和造型上都以简单实用为主，重视整个装修的成本，简洁、省钱、百搭就是简约风格的最大特点，简约风格更能适宜后期家具个性化的搭配，更能调配不同人群的生活格调。

简约风格的客厅布置以简洁实用为主

整齐的竖线条与弧线交错的抽象图案蕴含着活力

北欧风格客厅同样具有简约的特征

卡座的设计体现出实用性

STEP 2

设计特点

concise + warm + implicit

简洁不代表缺乏设计要素，它是一种更高层次的创作境界。在室内设计方面，它体现的不是对传统的摒弃和随意更改，而是在现代简约设计上更加强调功能。简约风格在硬装的选材上不再局限于石材、木材、面砖等天然材料，而是将选择范围扩大到金属、涂料、玻璃、塑料以及合成材料，并且夸大材料之间的结构关系。

图 1
玻璃隔断的运用让室内空间隔而不断

图 2
利用墙面搁板增加收纳空间

图 3
卧室背景墙运用镜面放大空间

图 4
卫生间利用镜柜收纳洗浴小物品

图 5
钢制楼梯体现出简约的特点

STEP 3

家具特点

simple + woodiness + romantic

简约风格的家具通常线条简单，沙发、床、桌子的线条一般都为直线，没有太多的曲线，造型简洁，强调功能，富含设计或哲学意味，但不夸张。

简约风格中的客厅家具多采用极具直线线条的沙发类型，更能展现简约风格的基本特点。一般摆放玻璃、不锈钢加玻璃的家具，或是部分茶几类的小家具，会使得整个空间显得简洁。

富有创意的餐椅成为空间装饰的一部分

深色系家具需要亮色小物件点睛

直线造型的茶几

利用厨房角落现场制作吧台

STEP 4

色彩运用

brown  green  khaki

简约风格在色彩选择上比较广泛，只要遵循清爽的原则，颜色和图案与居室本身以及居住者的情况相呼应即可。黄色、橙色、白色、黑色、红色等高饱和度的色彩都是简约风格中较为常用的几种色调。黑、灰、白色调在简约的设计风格中被作为主要色调得到广泛的运用，让室内空间不会显得狭小，反而营造一种鲜明且富有个性的感觉。

采用大小不等的红、黄、蓝色块创造出强烈的色彩对比和稳定的平衡感

黑、白色系在客厅中的运用

把一面墙刷成深色制造视觉亮点是简约风格家居的设计手法之一

黄色与橙色一组邻近色的应用

STEP 5

软装饰品

history  distressed  plants

简约风格家居饰品数量不宜太多，花艺可采用浅绿色、红色、蓝色等清新明快的瓶装花卉，摆件饰品则多采用金属、玻璃或者瓷器材质为主的现代风格工艺品。客厅应尽量挑选一些造型简洁的高纯度饱和色的饰品。卧室选择饰品时，一方面要注重整体线条与色彩的协调性，另一方面要考虑收纳装饰效果，要将实用性和装饰性合二为一，尽量让饰品和整体空间融为一体。

伸臂式台灯

照片墙

牛骨相框

玻璃花器

黑色烛台

金色壁饰

STEP 6

窗帘布艺

cotton  solid color + free

简约风格不宜选择花纹过重或是过于深色的布艺，通常比较适合的是一些浅色并且具有一些简单大方的图形和线条作为修饰的类型，这样显得更有线条感。窗帘的花色和款式应与布艺沙发搭配，采用麻制或涤棉布料，如米黄、米白、浅灰等浅色调为佳。

运用色彩对比的手法突出窗帘的装饰感

卧室窗帘与床品色彩相呼应

从客厅沙发中提取颜色应用到窗帘

素色的卷帘为书房带来安静的阅读环境

STEP 7

挂画特点

ancient  carving  simple

简约风格家居可以选择抽象图案或者几何图案的挂画，三联画的形式是一个不错的选择。装饰画的颜色和房间的主体颜色相同或接近比较好，颜色不能太复杂，也可以根据自己的喜好选择搭配黑白灰系列且线条流畅具有空间感的平面画。

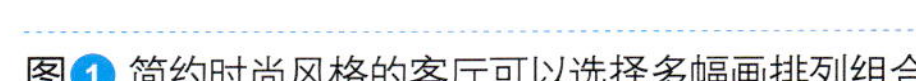

图1 简约时尚风格的客厅可以选择多幅画排列组合

图2 无框抽象油画符合简约的特点

图3 装饰画的色彩与家具形成某些呼应

图4 楼梯转角处的挂画成为装饰亮点

Concise Style
简约风格
家居功能空间设计

客厅

·Living Room·

简约风格

沙发墙［木线条装饰框＋彩色乳胶漆＋黑白挂画组合］

电视墙［定制收纳柜＋彩色乳胶漆］

material

材料运用

装饰背景墙的玻璃要厚实，要求厚度用8cm以上的，因此建议选择玻璃分件。如果选用一整块玻璃，既不方便运输，又会为安装和维护带来不少麻烦。

tips

与其他材质背景墙不同，玻璃装饰背景墙必须通过造型设计以**凸显其风格特点**，单纯只有一面玻璃的设计不大理想，这样会让人感觉生冷，没有家庭的温馨之感。

沙发墙［彩色乳胶漆＋挂画组合］

电视墙［墙面柜＋墙纸］

沙发墙［布艺软包＋装饰挂画＋黑镜］

居中墙［装饰壁龛］

沙发墙［大花白大理石＋装饰挂画］

电视墙［墙贴＋大理石线条装饰框＋大理石搁板］

沙发的亮黄色，抱枕与角几的粉色，家具配饰较多鲜艳颜色的运用，将空间的青春活力以及时尚靓丽展现得尤为显著。

tips

亮色的配饰可以起到点睛作用，加速空间气质的提升，但在客厅中不能过多使用，否则时间长了容易产生视觉疲劳。

顶面［石膏板造型］

电视墙［定制展示柜］

顶面［石膏板造型］

顶面［石膏板造型］

顶面［石膏板造型＋银镜］　沙发墙［白色护墙板］

电视墙［布艺软包＋装饰挂件］

沙发墙［墙纸＋矮柜］

软装运用

collocation

有些层高不够的小户型客厅，可以选择将大幅装饰画摆放在矮柜上作搭配，让人的视线自然降低到装饰画的中心位置，会让人感觉空间不压抑，层高变高。

装饰画的悬挂一般要求其中心点在人**视线的水平位置**，一般为 1500mm，而对于层高不够的空间，可以把装饰画直接摆放在矮柜上或地上，拉高层高的同时，也使得空间布置更自由随性。

沙发墙 [硅藻泥]

沙发墙［木地板上墙］

电视墙［灰色墙砖 + 黑镜 + 装饰壁龛］

电视墙［墙纸 + 木饰面板造型］

顶面［灰镜］　沙发墙［白色护墙板］

白色家具配以白色空间，整体比较纯净，后期选择黑白现代装饰画以及黑色与灰色的布艺，强调对比，整体中性色的无色系体现出对极简主义生活方式的追求。

黑白灰中性色的室内空间，通常比较单调刻板，可以运用一些**抽象艺术**的装饰画或者造型线条来丰富空间。

地面［仿古砖］

顶面［石膏板造型］　电视墙［石膏板造型刷白］

电视墙［白色护墙板＋嵌入式展示柜］

顶面［石膏板造型 + 木线条走边］

电视墙［微晶石墙砖］

电视墙［石膏板造型 + 不锈钢线装饰框］

电视墙［白色护墙板 + 木搁板］

电视墙［斑马木饰面板 + 装饰壁龛 + 黑镜］

Design 设计运用

简约风格客厅中，如果将电视机嵌入到背景墙里，对于小空间而言更显开阔。但注意电视机后盖和墙面之间应至少保留 10cm 左右的距离，四周一般需要留出 15cm 左右的空间。

tips

如果想把电视机嵌入墙体，需要提前了解电视机的**尺寸**，同时还要注意机架的**悬挂方式**，事先留出电视机背面的插座空间位置，这样才不会在安装时出现电视机嵌不进去或插不进插座的问题。

顶面 [石膏板造型暗藏灯带]　电视墙 [仿大理石墙砖]

沙发墙 [装饰挂画 + 灰镜]

沙发墙［彩色乳胶漆 + 定制收纳柜］

沙发墙［白色护墙板 + 黑镜］

电视墙［山水大理石］

沙发墙［布艺软包 + 不锈钢线条艺术造型 + 彩绘玻璃］

电视墙［装饰壁龛 + 木搁板］

电视墙［白色烤漆面板 + 玫瑰金不锈钢线条装饰框］

Design 设计运用

在简约风格的客厅中，许多业主选购了悬挂式电视柜，最大的特点就是悬挂在墙上的电视柜与背景墙融为一体。悬挂的电视柜离地面不要太高，否则美观度会大打折扣，一般能放入拖把就可以了。

tips

如果电视机要摆放在悬挂式电视柜上，那么高度就要按照舒适度标准来设计。有些悬挂式的电视柜还兼具了收纳柜的作用，既节省了空间又增加了收纳能力。

顶面［石膏板造型暗藏灯带］　电视墙［质感漆＋定制展示架＋装饰绿植］

顶面［石膏板造型］

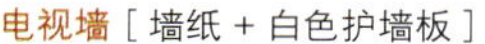

电视墙［墙纸＋白色护墙板］

沙发墙［装饰挂件］

软装运用

collocation

照片墙在现代家居软装设计中越来越受到人们的喜爱，一个符合整体装修风格的 DIY 照片墙可以起到画龙点睛的效果，装入家人的照片可以瞬间增添温馨感，是节省开支并获取意想不到效果的最好搭配手段之一。

tips

一组由多幅单体照片画组成的主体式照片墙，在墙面悬挂时可以将处于内部的多个照片画任意组合调整，只要保持处于最外边的几幅挂画能够形成比较规则的几何图形，就可以组成相对漂亮的**主题式**照片墙。

地面［软木地板］

电视墙［墙纸］

电视墙［墙纸 + 玫瑰金不锈钢线条装饰框 + 斑马木线条装饰框］

顶面［石膏板造型暗藏灯带］

左墙［布艺软包＋啡网纹大理石］

顶面［石膏板造型＋彩色乳胶漆］

顶面［石膏板造型暗藏灯带］

沙发墙［不锈钢线条装饰框＋红檀木饰面板＋墙纸］

Design 设计运用

吊顶与电视背景折纸式的多边形设计，将原本空旷的顶面与电视背景做成了一体的效果，且造型现代时尚，具有很强的视觉冲击力。

tips

客厅区域较大的空间，可以将背景墙连同吊顶做**统一的造型设计**，不仅整体感强，而且可以弱化空间的空旷感。

电视墙［彩色乳胶漆＋装饰壁龛］

顶面［石膏板造型＋彩色乳胶漆］　地面［实木地板拼花］

电视墙［大花白大理石］

电视墙［墙纸＋艺术搁板造型］

沙发墙［布艺软包＋装饰挂画］

沙发墙［钢化玻璃］

电视墙［木纹墙砖＋定制展示架］

顶面［石膏板造型］

Design 设计运用

有时候可以根据客厅的格局，放弃电视背景的设计，较为灵活地将电视做成架空摆放的方式，让空间的自由度更高，且较大程度地将活动空间放大。

tips

针对现代风格家居的装修特点，有时候需要**打破常规**进行家具摆放的设计，做到不为设计而设计，要为生活而设计。

电视墙［墙纸］

顶面［仿清水模＋轨道射灯］

沙发墙［定制收纳柜］

沙发墙［白色护墙板］

沙发墙［布艺硬包］

沙发墙［白色文化石＋杉木板装饰背景］

电视墙［橡木饰面板造型］

Design 设计运用

使用书架装饰整面沙发背景墙是一种非常有创意的做法，不仅充分地利用了空间，还渲染出了一种文化氛围。颜色跳跃的层板具有很强的装饰感，而且架子也有储物的作用。

很多的功能区在小户型中都是不存在的，比如娱乐室或者书房。那么**沙发背景墙书架**对于小户型并且喜欢读书的业主来说就是一个非常不错的布置。它不仅成为了一个专门放书的收纳位置，还能够起到整体的装饰效果。

沙发墙［彩色乳胶漆＋木搁板］

沙发墙［墙纸＋装饰挂画］

沙发墙［装饰壁龛＋装饰画］

沙发墙［杉木板装饰背景刷绿色漆＋白色小鸟挂件］

沙发墙［装饰壁龛］

电视墙［杉木板装饰背景刷白］

顶面［石膏板造型暗藏灯带］

色彩运用 colouration

在灰色度的空间内，大胆运用绿色和紫色作为撞色，并选用绛红色系装饰画作为点缀，缓和了视觉冲击，同时让空间色彩更加生动丰富。

tips

运用两种**对比色**调或者**互补色**调进行装饰的时候，通常反差比较大，空间没有任何关联性。可以找到其中一种颜色适宜搭配的色彩进行缓和，例如绿色和棕色就是比较适宜搭配的色调。

沙发墙［布艺软包 + 茶镜斜铺］

顶面［石膏顶角线］

电视墙［墙纸］　沙发墙［彩色乳胶漆］

沙发墙［墙纸 + 装饰挂画］

电视墙 [烤漆面板 + 墙面柜]

沙发墙 [墙纸 + 装饰挂画]

电视墙 [柚木饰面板造型 + 墙面柜]

顶面 [石膏板挂边]

软装运用

collocation

客厅采用麻质沙发、纯木家具单品搭配自然质地块毯，营造一种本真、自然、简单的生活方式，桌上白沙、枯草的“残缺美”更是突出了禅意的主题。

tips

现代简约的禅意空间不需要刻意的装饰和堆砌的造型，注重天然材质的运用，讲究简化元素、适当留白，追求真实、自然的素朴美。

顶面［木线条打菱形框刷白］

电视墙［质感漆 + 装饰挂件］

顶面［石膏板挂边］

电视墙［爵士白大理石］

顶面［石膏板造型］

电视墙［彩色乳胶漆 + 木搁板］

Design 设计运用

如果进门后的过道空间采光不佳，可以考虑将相邻的沙发墙打通，制作一排展示架，不仅增加收纳展示功能，而且让整个空间更加通透，扩大空间感。

tips

在满足功能的前提下，适当地将公共区域的墙体拆除，采用隔断造型，可以使得空间**宽敞开阔**，更为**舒适**。

居中墙［墙纸＋皮质硬包＋不锈钢装饰条］

沙发墙［硅藻泥 + 石膏板挂边］

顶面［石膏板造型 + 灯带］

tips

简约不是真正意义上的简单，而是需要建立在满足**强大的储物功能**之上，空间才能做到简化物品，实现简单的生活方式，在设计时可以考虑将大量储物功能弱化和隐藏。

Design 设计运用

中小户型客厅中的收纳空间不够一直以来就是个难题，在客厅中可以利用沙发背景墙隐藏大面积的储物柜，使空间更有整体感，又满足储物功能。

电视墙［墙面柜＋黑镜］

电视墙［木线条装饰框＋彩色乳胶漆］

右墙［文化石铺贴壁炉＋木搁板＋彩色乳胶漆］

地面［仿古砖］

电视墙［布艺软包 + 木线条装饰框］

电视墙［木纹墙砖 + 装饰壁龛］

顶面［轨道射灯］　电视墙［仿古砖］

顶面［木线条走边］

material

材料运用

简约风格的客厅搭配富有趣味的抽象画是一个十分不错的选择，如果在色彩上和室内的墙面、家具陈设有呼应，就能够起到提升空间的作用。

tips

装饰画的选择往往讲究色调、情景、意境，而不仅仅是作为单纯的装饰。最简单的选择方式就是根据**颜色进行搭配**，将室内的软装陈设或者布艺和装饰画统一色调，能起到很好的装饰效果。

居中墙［装饰画＋装饰挂钟］

顶面［银镜］　沙发墙［白色护墙板］

沙发墙［艺术墙砖］

电视墙［黑胡桃木饰面板＋木搁板］

沙发墙［墙纸］

电视墙［石膏板造型＋墙面壁龛］

顶面［米白色抛光砖］

Design 设计运用

小户型需要足够的收纳空间，但是过多的柜子会显得压抑而呆板，可以考虑在墙面设置暗柜，采用镜面门起到装饰效果，并且有效放大小客厅的视觉空间。

tips

将镜面玻璃做成柜门代替传统木制柜门，使得空间保持**通透性**和**延续性**，同时又可以避免大量木门带来的压抑感。

沙发墙［灰色乳胶漆＋装饰画］

电视墙［大花白大理石＋嵌入式展示柜］

电视墙［皮质软包 + 灰镜］

顶面［木地板贴顶 + 黑镜］

顶面 [灰色乳胶漆]　电视墙 [定制收纳柜]

顶面 [石膏板造型暗藏灯带]　电视墙 [不锈钢护墙]

顶面 [灰色乳胶漆 + 石膏板挂边]

电视墙 [灰色乳胶漆 + 石膏板挂边]

沙发墙 [杉木板护墙 + 墙纸]

电视墙［微晶石墙砖＋装饰方柱＋黑镜＋布艺软包］

沙发墙［布艺软包］

电视墙［仿石材墙砖］

沙发墙［布艺软包＋银镜＋装饰挂镜］

电视墙［水曲柳饰面板套色］

电视墙［定制收纳柜］

电视墙［米黄大理石＋钢化清玻］

餐厅

· Dining Room ·

简约风格

隔断［木花格＋装饰方柱］

隔断［木格栅］

Design 设计运用

在一些面积不大的中小户型中，餐厅设计卡座是个不错的选择，不仅能节省空间，还能具有一定的储藏功能，起到两全其美的效果。

tips

卡座一般是定制或者现场制作的造型，设计时可以根据空间的尺寸合理地规划储藏空间，让其兼顾**使用与美观**两方面。

左墙［彩色乳胶漆＋墙面柜］

居中墙［定制餐边柜＋银镜＋木搁板］

左墙［瓷盘挂件 + 彩色乳胶漆］

地面［木地板拼花］

居中墙［白色文化石 + 装饰搁板］

顶面［石膏板造型暗藏灯带］ 居中墙［装饰挂件］

material

材料运用

小户型的餐厅可以将吊顶设计成灰镜造型，借助镜面的反射性，增强餐厅空间采光的同时，提高了视觉层高，其黑色亮面的材质也与餐桌相贴切。

tips

对于餐厅等层高不高，空间开阔性不足的区域，可以在顶面或者墙面做黑镜或者茶镜的修饰，其**高度反光**的特质能很好地解决空间的不足。

居中墙［墙纸＋隐形门］

顶面［石膏板造型］

右墙［定制餐边柜＋彩色乳胶漆＋木搁板］

顶面 [烤漆面板]

居中墙 [木地板上墙]

墙面 [石膏板挂边]

软装运用

collocation

设计运用 现代风格的餐厅不需要过多的空间形式技巧，如果选择浅色墙面背景，可以搭配木色家具作为基础，再加上一幅颜色跳跃的装饰画，会让空间生动不少。

tips

选择一幅黑色边框的装饰画，可以打破浅色基调空间的沉闷感，但注意不能将边框做得**过于宽厚**，否则会破坏整个空间的清新感与温馨感。

顶面［石膏板造型］

右墙［彩色乳胶漆］

居中墙［白色护墙板＋装饰壁龛＋银镜］

右墙［彩色乳胶漆＋木搁板＋墙面柜］

居中墙［嵌入式餐边柜］

后现代风格的餐厅也可以很酷，例如墙面选择蓝色，局部装饰黑色不锈钢，再加上几把布质拼接的餐椅，体现个性的同时缓和了冷色调带来的清凉感。

tips

餐厅的色彩最好能给人以**温馨感**，并能刺激食欲，由于硬装上出现了过多的冷色调，所以在后期可以布置色彩相对丰富的布艺餐椅，活跃就餐氛围。

沙发墙［布艺软包］

地面［实木地板拼花］

顶面［银镜］

右墙［仿清水模］

垭口［大花白大理石装饰框］

右墙［彩色乳胶漆＋石膏板挂边］

软装运用

collocation

餐桌下放置块毯在一般家庭中并不多见，这样做能够较好地将餐厅从空间中分离出来，让过道与餐厅两个空间互不影响。

tips

餐厅与厨房一样，都是容易出现油污的区域，块毯不宜选择毛茸茸的面料，**棉麻材质**的平整性好，不仅显得温馨，而且方便清理。

右墙［布艺软包＋装饰挂镜］

顶面［石膏板造型］

居中墙［黑色木饰面板拉缝＋展示柜］

顶面［枫木饰面板拉缝＋艺术吊灯］

居中墙［定制餐边柜］

右墙［木搁板］　地面［仿古砖］

Design 设计运用

狭长形的餐厅通常选择长条形餐桌，其摆放的朝向兼顾了原本空间的比例。注意橱柜门板木色纹理以及地面瓷砖纹理都可以与其保持一致，使得整个空间整洁有序。

tips

简约风格对于**木色的运用极其多样**，地面的地砖、柜门的门板以及餐桌的台面，都可以以木质纹理为基础，按照木纹的走向来完成一个完整而又有序的餐厅空间设计。

居中墙［装饰挂画＋墙纸］

右墙［定制餐边柜＋玫瑰金不锈钢线条装饰框］

顶面 [仿清水模]

居中墙 [墙面柜]

左墙 [烤漆玻璃]

右墙 [橡木饰面板]

居中墙 [彩色乳胶漆 + 石膏板挂边]

软装运用

collocation

极简的空间并不需要过多的修饰，颜色最重的只是部分的木色家具，透明质地的餐椅利用其本身的优势，吸取周围色，达到丰富空间的作用，形成十分巧妙的构思。

tips

简约风格餐厅不用担心过于单调，可以利用不同材质的特性，巧妙地丰富空间。除此之外，**色彩的点睛之笔**也很重要。

左墙［马赛克拼花］

居中墙［黑胡桃木饰面板＋蝴蝶图案装饰挂件］

右墙［布艺软包］

右墙［银镜］　地面［木纹地砖］

墙面［墙纸］

右墙［墙纸 + 黑镜］

右墙［木纹墙砖］

Design 设计运用

餐厅背景做刻花镜面造型，有效增大空间的同时，将投影留在其中，自然形成其树枝背景下的画面，起到丰富餐厅空间的作用。

tips

直接用灰镜或者银镜，其强烈的反射也许会给人过于强烈的视觉冲击，在镜面上做刻花处理可以有效地舒缓反射给人带来的冲击力，做到**虚实结合**。

墙面［墙纸］

右墙［彩色乳胶漆＋照片组合］

墙面 [墙布]

左墙 [定制餐边柜 + 茶镜]

左墙 [墙纸 + 玫瑰金不锈钢线条装饰框 + 装饰挂件]

隔断 [定制餐边柜]

左墙 [嵌入式餐边柜]

material

材料运用

木地板上墙的餐厅背景可以带来更多的视觉冲击，与客厅连成一片后有效放大了空间感，同时还给房间增加了温润柔和的气质。

tips

由于实木地板的变形系数相对较高，因此不建议把实木地板铺在墙面上，**强化复合地板**更适宜用于墙面铺装。不过，需要注意，不是所有的强化复合地板都可以铺上墙，选购时要向销售人员问清楚。

右墙［嵌入式餐边柜＋彩色乳胶漆］

左墙［白色墙砖］

左墙［银镜］　右墙［嵌入式收纳柜］

顶面［石膏板造型暗藏灯带］　居中墙［墙纸］

右墙［仿古砖］

左墙［银镜］

隔断［大理石矮墙＋木搁板］

左墙［马赛克拼花］

左墙［布艺软包］

右墙［定制收纳柜＋装饰挂件］

右墙［墙纸＋石膏顶角线］

右墙［米白色墙砖＋黑镜］

卧室

· Bedroom ·

简约风格

顶面［石膏板造型＋彩色乳胶漆］

床头墙［皮质软包＋装饰挂镜］

Design 设计运用

简约风格的床头背景经常运用硬包，局部穿插茶镜，硬包与茶镜的面积比例恰到好处，茶镜的高度略高于床靠背，硬包饰面让卧室更显柔软，更加温馨。

tips

如果卧室床头墙选择以硬包饰面，在施工过程中，需要先在墙面做好基础工作，可用**九厘板打底**，以便将硬包固定在墙面上。

床头墙［艺术墙绘 + 装饰搁板］

床头墙［金属马赛克 + 木线条］

床头墙［布艺硬包＋木线条装饰框刷金漆＋装饰挂镜］

床头墙［彩色乳胶漆］

床头墙［石膏板造型拓缝］

想要设计一个简约风格的卧室，最简单的方法就是在床头直接刷一面颜色跳跃的背景墙，再搭配一些同样亮色系的软装饰品，整个空间顿时就有了活力。

tips

一般在卧室的设计上，比较省力而且能很快出效果的方法就是**局部采用**比较鲜艳的乳胶漆进行点缀，再搭配装饰画，不用花费很多就能达到很好的效果。不过这种颜色不宜面积过大。

居中墙［定制收纳柜＋木搁板］

顶面［石膏板挂边］

床头墙［布艺软包＋木线条＋黑镜］

床头墙［布艺软包＋玫瑰金不锈钢线条装饰框］

顶面［石膏板造型］

床头墙［布艺软包］

床头墙［墙纸＋木线条装饰框］

Design 设计运用

很多小户型卧室中往往会加入一个阅读工作区，怎样在有限的空间内完善功能设计，悬空式的写字桌是个不错的选择，既轻巧又不占空间，还能满足功能需要。

tips

类似悬空书桌的设计，首先要注意的是桌面与床之间的**高度差**，不宜过高，以免对床头有压迫感；其次，可以在桌下方做一些灯光效果，使得狭小的空间层次分明，有空间的延伸性。

顶面［石膏板造型］

床头墙［布艺软包］

床头墙［墙纸＋木质顶角线］

床头墙［皮质软包＋黑镜］

床头墙［布艺软包＋灰镜＋玫瑰金不锈钢装饰条］

软装运用

collocation

素雅的简约风格卧室通常以黑、白、灰三种颜色为主，如果在其中增添动物卡通的元素则是一个很巧妙的搭配，再配合枕头以及墙面装饰画，能给卧室带来一丝喜感。

tips

装饰画的选择除了注意画面的内容，还应注意装饰画形式的设计，简约风格家居选择**无框的装饰画**可以让空间减少束缚感。

床头墙［布艺软包＋墙纸］

床头墙［布艺软包 + 灰镜 + 不锈钢线条装饰框］

床头墙［布艺硬包 + 悬挂式书桌］

床头墙［墙纸 + 不锈钢线条装饰框 + 彩色乳胶漆］

床头墙［布艺软包 + 装饰挂镜］

软装运用

collocation

港式简约风格的卧室不需要装饰太多的跳跃色彩，同一咖啡色系的搭配更显沉稳，再选择丝绸、皮草、镜面、不锈钢金属等饰面材质，彰显出一种现代奢华的气质。

软装的搭配，除了色彩的选择可以增色空间，饰品的**质地与造型**也可以彰显设计风格的精要。例如将镜面制作成大小不一的不规则圆形装饰品，可以给人留下深刻的印象。

床头墙［墙纸］

床头墙［艺术墙绘＋布艺软包］

床头墙［布艺软包］

右墙［墙纸＋木搁板＋悬挂式书桌］

床头墙［墙纸＋黑镜＋木线条装饰框］

床头墙［布艺软包＋蝴蝶图案装饰挂件］

Design 设计运用

在户型存在缺陷的卧室中，可以考虑将睡床靠边放置，空出进门处的活动区域，同时解决床头背景有窗户的难题，既保证了采光，也最大限度地将有限的空间利用了起来。

tips

设计此类不规则的空间，需要**打破传统**的摆放睡床的方式，例如靠边摆放等方式，可以有效地将活动空间腾出来，给生活带来便利。

床头墙［布艺软包］

左墙［茶镜］

床头墙［布艺软包］

床头墙［墙纸 + 银镜 + 不锈钢装饰条］

床头墙［布艺软包］

床头墙［墙纸］

床头墙［布艺硬包］

床头墙［石膏板造型 + 质感漆］

Design 设计运用

比较狭小的卧室可以采用榻榻米的设计，既节省空间，也便于孩子的上下攀爬。榻榻米的下方可以设计成储藏空间，储存一些不太常用的物品。

tips

设计榻榻米一类的空间时要注意，在床头的位置可以增加护墙板的设计，这样可以增加榻榻米的舒适度。

右墙［墙纸＋不锈钢装饰条］

电视墙［橡木饰面板＋装饰壁龛＋银镜］

床头墙［布艺软包］

床头墙［彩色乳胶漆＋装饰挂画］

顶面［石膏板造型］ 床头墙［石膏板造型拓缝］

床头墙［质感漆＋装饰挂镜］

软装运用

collocation

拥有特殊符号的软饰搭配可以形成卧室中的最大亮点，再在床头背景墙上悬挂几幅字母图案的装饰画，可以让空间略显 LOFT 工业风，异国风情油然而生。

tips

符号的运用有时候会潜意识地左右设计风格的把握，软装过程中可以利用**特殊符号**代替造型，搭配出不同的风格。

床头墙 [布艺硬包 + 银镜 + 装饰挂件]

床头墙 [彩色乳胶漆 + 白色护墙板]

床头墙［布艺软包 + 装饰挂画］

床头墙［布艺软包 + 装饰挂画］

右墙［墙纸 + 墙面柜］

床头墙［橡木饰面板 + 木质造型刷白］

左墙［彩色乳胶漆 + 木搁板］

软装运用

collocation

简约风格卧室采用深色系硬包为主的色调，整体空间会显得较为沉闷，这时可以巧妙地设计深红色系的窗帘、单人椅搭配画面优雅的装饰画，给原本单调、中庸的空间增添优雅的气质。

tips

软装过程中选择**布艺和装饰画**的时候，如果能够巧妙借用色彩的表情配以相同特质的装饰画，是一种比较容易出彩的方式。

床头墙［墙纸＋不锈钢线条造型＋银镜］

床头墙［彩色乳胶漆 + 装饰挂件］

电视墙［彩色乳胶漆 + 墙面柜］

顶面［石膏板造型暗藏灯带］

床头墙［彩色乳胶漆 + 装饰挂画］

色彩运用 colouration

黑白色搭配的简约风格卧室中，整体可以白色墙顶面配以白色家具为主，显得干净清新，再局部搭配黑色的布艺以及家具单品，可以进一步突出白色空间的纯净和雅致。

tips

白色和黑色是最佳搭配的中性色，当床上用品本身不是太理想的时候，可以选择搭配一块颜色相辅的块毯，立刻就可以提升床品的**品质感**。

居中墙［彩色乳胶漆 + 石膏顶角线］

地面［仿古砖斜铺］

床头墙［实木护墙板］

床头墙［布艺硬包＋柚木饰面板］

床头墙［布艺软包＋夹丝玻璃］

床头墙［皮质软包］

顶面［石膏板造型暗藏灯带］

床头墙［木地板上墙＋装饰时钟］

tips

无主灯的设计越来越受到年轻业主的喜爱，需要注意的是吊顶光槽口的高度一般要大于15cm，光源采用T5灯管，尽量选择暖光或者中性光。

Design 设计运用

常规的光源设计是每个空间顶部有一个主光源，周边加上辅助光源。一些简约风格卧室可以打破惯例，在卧室中不使用主光源，整个空间的照明主要依靠隐藏于吊顶的光带以及散落于顶部的筒灯，同样可以满足空间的照明。

地面 [实木拼花地板]

床头墙 [彩色乳胶漆 + 石膏板挂边]

床头墙 [灰镜 + 不锈钢装饰条 + 装饰挂画]

床头墙 [布艺软包 + 不锈钢线条装饰框]

床头墙［木地板上墙］

床头墙［墙纸＋不锈钢装饰条］

床头墙［布艺软包］

左墙［墙纸＋挂画组合］

material

CLYY 材料运用

采用石膏线条作为顶角线围绕房顶边缘一周，可带各种花纹，其内可经过水管，实用美观。石膏线长度一般是 2.5m/ 根，宽度一般是 8~15cm。

tips

石膏线的选择首先要根据设计风格而定，其次是**石膏线的规格**，如果房间层高较低，就不建议选择太宽的石膏线，因为这样会显得比较压抑。

床头墙 [装饰挂画 + 皮质软包]

床头墙 [皮质软包 + 灰镜 + 金属线条装饰框]

床头墙 [布艺软包 + 装饰挂件]

床头墙 [墙纸]

运用色彩 colouration

想要营造温馨感，卧室整体色调可以采用和谐统一的暖色系，再在靠窗处选择一款能够凸显个性并且舒适的黑色躺椅，突出空间的层次感，显得更为时尚、个性。

tips

当空间色调比较单一的时候，尤其是**咖啡色**系会显得比较沉稳，适当增加一些个性元素，比如造型独特的家具或者酷一些的色调都可以提升空间的品质感。

顶面 [石膏板造型暗藏灯带]

顶面 [布艺软包]

顶面 [石膏板造型暗藏灯带]

床头墙 [墙纸]

床头墙［墙纸］

床头墙［装饰壁画］

床头墙［装饰挂画］

床头墙［墙纸 + 木线条装饰框］

居中墙［钢化清玻］

床头墙［布艺软包 + 夹丝玻璃 + 不锈钢线条装饰框］

床头墙［墙纸］

床头墙［墙纸 + 挂画组合］

床头墙［布艺硬包 + 装饰挂镜］

顶面［白色烤漆面板］　电视墙［布艺软包＋黑镜］

床头墙［布艺软包＋夹丝玻璃］

顶面［木线条走边］

床头墙［墙纸＋橡木饰面板＋玫瑰金不锈钢装饰条］

顶面［木线条走边］

顶面［石膏板造型］

床头墙［墙纸＋石膏板挂边］

床头墙［布艺软包＋啡网纹大理石＋金色不锈钢线条装饰框］

床头墙［银镜倒角］

床头墙［橡木饰面板 + 黑镜］

床头墙［布艺软包 + 玫瑰金不锈钢线条装饰框］

顶面［布艺软包］

右墙［嵌入式衣柜 + 彩色乳胶漆］

床头墙［水曲柳饰面板套色 + 墙面柜］

简约风格

居中墙［定制书架］

顶面［石膏板造型］

右墙［布艺硬包］

右墙［木搁板］

右墙［彩色乳胶漆］

右墙［悬挂式书桌＋彩色乳胶漆＋木搁板］

Design 设计运用

小空间的书房，最重要的是怎样合理地利用空间，依墙的书架和书桌错落有致，有效节省了空间，整个布局设计得有条不紊。

tips

书架与书桌靠墙的设计**非常实用**，但现代风格的书桌在制作的时候，要注意木板的长度，防止由于板材过长而出现变形。

隔断［大花白大理石矮墙］

右墙［墙纸 + 墙面柜 + 悬挂式书桌］

左墙［白色护墙板］

右墙［墙纸］

顶面［石膏板造型 + 灰镜］

左墙［墙面柜 + 银镜］

墙面［墙纸 + 悬挂式书桌］

右墙［钢化清玻］

Design 设计运用

如果书房处于过道旁，除了保证功能的需求，更重要的是书桌及书架的装饰感。由于层板往往较为单调，可以考虑在层板上增加暗式灯带，用灯光让空间显得更加生动活泼。

tips

在层板带暗式灯槽的制作过程中，要确保层板的厚度能够**藏住灯带**，同时，灯槽预留的宽度要保证灯光能够投射出来。

隔断 [定制书架]

墙面 [彩色乳胶漆]

隔断 [定制收纳柜]

右墙［布艺硬包］

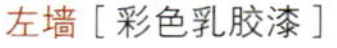

左墙［彩色乳胶漆］

右墙［彩色乳胶漆 + 装饰搁架］

现代风格的书房，墙面以米黄色的木饰面板为主，地板为较深的咖色，这些都属于同一色系的深浅变化。而地毯的颜色选择了浅灰蓝色的冷色系，很好地平衡了暖色系的空间。

tips

同一色系的空间，时间长了会产生视觉上的疲劳。在软饰的布置上，采用一些**冷色系**的颜色进行搭配，会有效地调和整个色调，让空间显得清新自然。

右墙［马赛克铺贴］

沙发墙［烤漆面板］

左墙［彩色乳胶漆 + 定制书架］

左墙［彩色乳胶漆 + 墙面柜］

居中墙［布艺软包 + 灰镜］

居中墙［墙纸 + 装饰挂镜］

顶面［石膏板造型 + 金属线条走边］

Design 设计运用

书桌靠边放置能够最有效地腾出空间。左侧搁板式的书架很好地解决了图书的放置问题，其设计方式简约新颖，活动性强，不会阻挡视线，是非常适合小空间的书架款式。

tips

对于家庭空间的**活动式书架**，不宜设计到顶，一是便于日常图书的取放，二是避免书架给人头重脚轻的压抑感。

左墙［钢化清玻］

顶面［布艺软包］　居中墙［白色护墙板＋不锈钢线条装饰框］

顶面［石膏板造型］

左墙［墙纸］

顶面［定制收纳柜］

Design 设计运用

如果书房是一个异形空间，设计时就不能再像传统式的书房那样布置，空间的利用显得很重要，可以考虑将书桌顺着异形的墙体而做，这样整体显得简洁大方。

tips

书桌、层板与异形墙面设计得仿佛融为一体，设计时要注意**层板的固定**，可选择在台板的内侧做钢板的加固处理。

地面［仿古砖］

居中墙［墙纸＋木搁板］

左墙［定制书柜］

左墙［墙纸］

右墙［钢化清玻］

右墙［木搁板］

左墙［彩色乳胶漆＋悬挂式书桌］

简约风格

地面［地砖拼花］

左墙［定制收纳柜 + 灰镜］

左墙［墙纸 + 墙面柜 + 透光云石］

右墙［灰镜 + 橡木饰面板］

右墙［艺术墙绘］

左墙［米黄色墙砖凹凸铺贴 + 大理石装饰框］

隔断［钢化清玻 + 装饰方柱］

Design 设计运用

简约风格的家居中，如果过道较为狭窄且光线较差，可以在顶面做镜面造型增加反光，视觉上减少过道的狭窄感与束缚感。

tips

对于小户型的过道设计，可以在顶面安装反光率较好的镜面，增加视觉层高或者过道空间的立体感，在制作时需安装牢固避免掉落。

居中墙［彩色乳胶漆］

隔断［黑色玻璃移门］

右墙［艺术墙绘］

居中墙［定制展示架］

顶面［石膏板造型暗藏灯带］

左墙［定制收纳柜］

隔断［彩色玻璃］

右墙［木纹墙砖 + 装饰壁龛］

软装运用

collocation

过道端景可以利用照片墙的形式进行装饰，有效地将端景柜与墙面紧密地结合在一起，加上内容统一的装饰画，让整个端景更具体、更完整。

tips

采用小幅装饰画的组合布置墙面，注意每一幅装饰画的比例控制，需要有一到两幅放大尺寸作为中心。个别 装饰画的边框可以做**深浅搭配**，使得墙面更丰富。

右墙［质感漆 + 装饰挂镜］

左墙［硅藻泥］

左墙［墙纸 + 黑镜］

楼梯［玻璃护栏］

地面［实木地板拼花］

顶面［石膏板造型 + 彩色乳胶漆］

Design 设计运用

将过道上隔断的内容设计成斑马的图案，其强烈的黑白对比，将一个以白色为基调的干区空间修饰得极具个性，隔断的框架配色也与门把手等做到了一致。

tips

对于面积较小的隔断，可以考虑做成一幅完整的装饰画的造型，不仅真正起到隔断的作用，还能用装饰画表现空间，一举两得。

居中墙［墙纸＋挂画组合］

左墙［墙面壁龛］

左墙［定制餐边柜＋银镜］　地面［木纹地砖］

居中墙［定制收纳柜＋浅啡网纹大理石］

地面［木地板拼花］

左墙［银镜］

material

材料运用

过道墙面安装搁板可以增加层次感和收纳功能，如果是成品搁板，在装修前一定要考虑好所需要的款型和尺寸，留下足够的空间来安装搁板。如果请木工制作搁板的话，后期很难再移动，所以一定要事先想好家具的摆放。

tips

同一面墙上的搁板**不能太多**，搁板上放置的物品也不能**太杂乱**，毕竟搁板是一个开放式的储物空间，不能让杂乱的物品暴露在外。

居中墙［黑色烤漆玻璃＋装饰挂画］

左墙［钢化玻璃隔断］

顶面［石膏］

隔断［石膏板造型刷彩色乳胶漆＋装饰壁龛］

右墙［银镜］

右墙［定制收纳柜］

Design 设计运用

有些简约风格的过道不需要明显的区域划分，墙面采用深浅色调过渡的方式，材质和造型与对面墙呼应，就会显得统一且韵律十足。

tips

当过道空间不是一个独立区域的时候，可以将墙面设计和空间中其他地方进行呼应，采用相同的材质或者造型，使整体统一而不凌乱。

居中墙［黑色烤漆面板 + 定制酒架］

居中墙［彩色乳胶漆 + 墙面柜］

隔断［马赛克拼花］

右墙［彩色乳胶漆＋艺术墙绘＋杉木板护墙］

顶面［木饰面板贴顶］

软装运用

collocation

玄关衣帽柜的功能比较丰富实用，具备主人进门挂外套、放置包以及换鞋子的功能，其中矮柜处的抽屉可以放置护理鞋具的用品；同时颜色上采用深色配以浅色，打破传统家具的沉闷感。

tips

类似玄关组合柜的设计，可以采用敞开式柜体结合门板的设计，整个家具才会比较生动，颜色上也可以采用两种木质色，不过要注意色调的搭配。

隔断［钢化清玻］

隔断［涂鸦墙］

左墙［定制鞋柜］

顶面［石膏板装饰梁］

左墙［嵌入式展示柜＋墙贴］

Design 设计运用

入门处的过道不光要实用（可以放鞋子、衣帽等），也要兼顾美观。如果在此处设计一个类似展示架的空间会是一个很好的选择，通透的设计能让玄关区增色不少。

tips

用于展示的柜子，首先要保证内外的**通透性**，保证过道的采光是设计的关键；其次展示架的厚度不应太厚，笨重的木质结构会使空间显得沉闷，建议做得轻巧一些。

隔断［黑镜］

顶面［石膏板造型暗藏灯带］

地面 [水泥自流平]

右墙 [仿古装饰门]

楼梯 [玻璃护栏 + 定制收纳区]

左墙 [钢化清玻]

地面 [仿大理石地砖]

顶面 [石膏板造型暗藏灯带]

墙面 [成品收纳架]

楼梯 [玻璃护栏]

左墙 [定制收纳柜]

休闲区

· Recreational Areas ·

简约风格

墙面［柚木饰面板＋不锈钢装饰条］

右墙［彩色乳胶漆］

软装运用

collocation

现代简约的视听空间在软装布置上可以选择以明星为主题的装饰画，虽然人物不同，但是表现形式统一，同时运用黑白色调呈现出时尚气质。

tips

不同的空间要选择恰当的装饰画，最简单的方式就是选择和空间有关系的内容主题，不容易出错，**黑白色调**的装饰画相对来说比较百搭。

右墙［定制收纳柜 + 装饰挂画］

地面［地砖拼花 + 玫瑰金不锈钢踢脚线］

右墙［彩色乳胶漆 + 白色踢脚线］

右墙［质感漆 + 墙面柜 + 悬挂式书桌］

地面［实木地板］

居中墙［彩色乳胶漆 + 装饰挂画］

Design 设计运用

榻榻米升降桌采用天然质地的石材配以浅色木板，表现了日式家居追求自然的素朴之风，同时也避免了大面积单一纹路木板的呆板感。

tips

榻榻米选用单一材质通常比较单调，可以采用两种颜色的木板搭配；但注意如果是采用两种材质搭配的话，要提前考虑材质**厚度是否吻合**，若不吻合收口细节则难以处理。

隔断［推拉移门］

顶面［石膏板造型暗藏灯带］

隔断［玻璃护栏］

顶面［木地板贴顶］　地面［仿古砖］

左墙［橡木饰面板］

右墙［木线条密排］

软装运用

collocation

设计运用 将阁楼打造成休闲室，原始天窗采用蓝色窗帘仿佛夜空，顶面点光源仿佛繁星让人产生无尽遐想；浪漫的浅紫色沙发、梦露主题的抱枕搭配道具落地灯，尽显时尚与浪漫主题。

tips

当硬装修简单并且缺乏装饰性的时候，空间中每一样东西的存在都需要有足够的理由才可以将空间打造得富有设计感，只要**选择一种主题**和格调来选配家具、灯饰、陈设，就可以突出整体效果。

地面 [实木地板拼花]

地面 [仿古砖]

右墙 [杉木板装饰背景]

地面 [米黄色抛光砖]

顶面 [木线条密排]　居中墙 [墙纸]

顶面 [布艺软包]

Design 设计运用

吧台与西厨的橱柜相结合，跳出了橱柜传统的设计思路，用极简的造型搭建了一个极具创意的艺术休闲空间，时尚且和谐。

tips

现代厨房的设计中，吧台的造型宜简；如果用于橱柜的延伸，吧台的台面宜薄；撑脚要找好支撑点，且要有很好的稳定性，这样才方便日后的使用。

居中墙［ 成品装饰柜 ］

左墙［ 镜面移门 ］

墙面［ 嵌入式收纳柜 ］

顶面［石膏板造型暗藏灯带］

吧台［人造大理石台面］

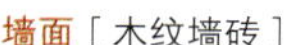

墙面［木纹墙砖］

左墙［杉木板护墙］

吧台［浅啡网纹大理石］

软装运用

collocation

如果想打造复古怀旧的氛围，建议采用做旧天然木材配以原始文化石装饰地下室酒吧，再加上一面凸显自由与个性的涂鸦墙，软装上运用红色家具单品配以灯饰点亮较为厚重的空间，彰显怀旧与热情。

tips

在软装设计中，如果整体空间比较厚重或者色调比较和谐，缺乏亮点的时候，最简单有效的方式就是增加一个**点缀色调**，例如适当运用热情洋溢的中国红就可以起到点题的作用。

墙面［彩色乳胶漆］

右墙［彩色乳胶漆］

顶面［石膏板造型暗藏灯带］

吧台［实木台面］

顶面［石膏板挂边刷彩色乳胶漆］

地面［马赛克铺贴地台］

墙面［石膏板造型＋墙纸＋木搁板］

左墙［装饰壁龛＋木搁板＋彩色乳胶漆］

左墙［墙纸＋彩色乳胶漆＋大理石搁板］

右墙［木线条密排］

居中墙［墙纸＋照片组合］

简约风格

墙面［仿大理石墙砖］

墙面［樱桃木饰面板］

Design 设计运用

一般面积较大的房子，厨房与餐厅相隔较远，建议增加岛台或者早餐台，作为厨房与餐厅的过渡，同时作为备餐台也是非常实用的设计。

tips

设计早餐台时应注意整体的**通透性**，不能为了实用而忽略美观，一般以下部镂空设计为主，否则对于敞开式厨房来说是非常影响效果的。

右墙［黑镜］

左墙［大花白大理石］

右墙［墙纸］

左墙［仿古砖］

左墙［白色墙砖铺贴］

左墙［彩色乳胶漆＋装饰挂画］

厨房是家庭主妇使用时间很长的地方，每天做饭的单调会让人感觉乏味，如果采用一面颜色跳跃的灶台背景就会让一个枯燥的空间瞬间活泼起来。

tips

选择墙砖时需注意，颜色不要过于鲜艳，尽量少使用大红大紫的颜色，以免在做饭时给人烦躁的感觉，**淡黄色**与**青色**都是很好的选择。

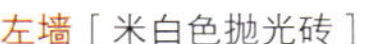

左墙［米白色抛光砖］

墙面［灰色墙砖＋墙面柜］

左墙［仿古砖＋彩色乳胶漆］

顶面［集成吊顶］

墙面［米白色墙砖］

顶面［石膏板造型＋黑镜］

墙面［灰色墙砖］

Design 设计运用

敞开式厨房的油烟比较大，长期使用后的墙面油渍、污渍不易清理，可以考虑选用玻璃作为墙面装饰，玻璃是极易打理的材质，这样做既省钱，又省事。

tips

通常此类设计多数选用黑色烤漆玻璃，对于空间装饰来说其好处是：玻璃具有一定的反光率，可以增加厨房的空间感。

墙面 [木纹墙砖]

地面 [仿古砖斜铺]

顶面 [石膏板造型暗藏灯带]　左墙 [木纹墙砖]

地面 [木纹地砖]

右墙 [嵌入式收纳柜 + 彩色乳胶漆]

顶面 [木地板贴顶 + 黑镜]

右墙 [仿古砖 + 镜面柜]

软装运用

collocation

设计运用 厨房作为烹饪之处，也需要装饰氛围。可以在橱柜旁边放上一个置物架，把厨房装饰得自然生动，让使用厨房的人感觉轻松、舒适。

tips

一般厨房的配饰以不易沾油污的物品为佳，如金属制品、陶瓷制品、玻璃制品等。颜色也要与橱柜的颜色相搭配，做到**统一和谐**。

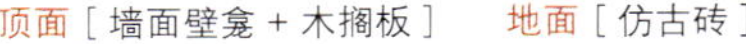

顶面［墙面壁龛＋木搁板］ 地面［仿古砖］

地面［实木地板拼花］

顶面［杉木板吊顶刷白］

左墙［墙面柜＋灯带］

左墙［不锈钢护墙］

顶面［集成吊顶］

墙面［米黄色墙砖］

Design 设计运用

普通公寓的厨房面积不大，所以设计时为了增加实用功能，需尽量多做一些吊柜。有时为了达到整体效果，会采用把欧式油烟机的上部用吊柜门包住的设计，既美观又增加了实用功能。

tips

设计时需注意柜子的大小比例，为了不显压抑，可以选择**浅色的吊柜**，根据实际情况设计成上下分色也是可以的。

墙面［木纹墙砖］

顶面［布艺软包］

右墙 [彩色乳胶漆 + 装饰挂画 + 黑色墙砖]

墙面 [仿石材墙砖]

顶面 [石膏板造型暗藏灯带]

左墙 [墙纸 + 装饰挂镜]

右墙 [仿古砖]

material

材料运用

在用镜子装饰卫生间的时候，可以选用镜柜，能使狭小的空间显大许多，既美观又实用；镜子的上方与下方可以营造灯光效果，增加空间的层次感；也可以按卫生间的墙面尺寸，定做镜柜。

tips

镜柜的设计增加干区的**收纳空间**，考虑到开门的**实用性**，两边开门的镜柜在制作的时候应该按比例缩小，隐框镜柜门需要下挂 1~2cm 作为拉手，才能让整个干区看起来更加简洁。

右墙［仿石材墙砖］

右墙［木纹墙砖］

地面［白色地砖夹小黑砖铺贴］

右墙［砂岩］

左墙［墙纸＋银镜］

右墙［墙纸＋装饰挂镜］

Design 设计运用

很多卫生间为了提高档次都会采用墙排式马桶，墙排式马桶对空间有一定的要求，暗藏式的水箱会突出墙面 25cm，这也为后期装饰创造了一定条件。

tips

如果遇到墙排式马桶，可以延伸水箱的墙面，利用砖的色差效果，做出卫生间的**空间错觉感**，让人觉得卫生间非常开阔。

右墙［灰色墙砖］

地面［地砖拼花］

顶面［石膏板造型］

居中墙 [墙纸 + 白色墙砖]

居中墙 [艺术墙纸]

居中墙 [黑色烤漆玻璃]

居中墙 [银镜 + 灰色墙砖]

material

材料运用

空间较大的卫生间建议使用防水石膏板吊顶，与室内其他空间做到协调一致，且其多变的造型更有利于将卫生间做得生动而富有层次。在使用防水石膏板的时候应留出相应的检修口，方便后期的检查与维修。

tips

由于卫生间具有较潮湿的空间特质，建议吊顶选择性能较佳的**防潮**石膏板和**防水**乳胶漆，防止吊顶遇水产生霉变。

墙面［墙纸］

右墙［木搁板］

地面［木纹地砖］

右墙 [灰色墙砖拉槽]

顶面 [木线条走边]

墙面 [仿古砖]

左墙 [灰镜 + 装饰挂镜]

居中墙 [马赛克铺贴]

左墙 [镜面柜 + 仿石材墙砖]

Design 设计运用

卫浴间的壁龛做得恰到好处，将原来的水管包管加宽，侧面设计有一个层板式的搁物架，既避免了很多卫生死角，又扩大了卫浴间的置物空间。

tips

家居生活中壁龛的应用是非常**实用的收纳**形式，例如卫生间如果没有单独的收纳空间，可以利用墙体砌出储藏隔层，摆放一些洗浴用品。

左墙 [木纹砖 + 彩色乳胶漆]

顶面 [杉木板吊顶刷白]

居中墙［仿石材墙砖］

右墙［马赛克铺贴］

右墙［马赛克铺贴］

居中墙［墙面壁龛＋玻璃搁板］

台盆柜［透光云石］